童心筑梦·美丽新时代　冯俊　总主编

美丽海湾

杨　静／分册主编　吴欣欣　李婉雪／著

江苏凤凰少年儿童出版社　中共党史出版社

图书在版编目（CIP）数据

美丽海湾 / 吴欣欣，李婉雪著. -- 南京 : 江苏凤凰少年儿童出版社 ; 北京 : 中共党史出版社，2023.7
（童心筑梦·美丽新时代）
ISBN 978-7-5584-2899-9

Ⅰ. ①美… Ⅱ. ①吴… ②李… Ⅲ. ①生态环境建设－中国－儿童读物 Ⅳ. ①X321.2-49

中国版本图书馆CIP数据核字（2022）第160169号

总 策 划　王泳波　吴　江
分册策划　陈艳梅　姚建萍

书　　名　童心筑梦·美丽新时代－美丽海湾
TONGXIN ZHUMENG · MEILI XINSHIDAI–MEILI HAIWAN

作　　者　吴欣欣　李婉雪
内文插画　苏　睿
封面绘画　付　璐
责任编辑　王　兵　秦显伟　朱其娣
美术编辑　王梓又
装帧设计　李　瑾
责任校对　刘天遥
责任印制　季　青
出版发行　江苏凤凰少年儿童出版社 / 中共党史出版社
地　　址　南京市湖南路 1 号 A 楼，邮编：210009
印　　刷　南京新世纪联盟印务有限公司
开　　本　889 毫米 ×1194 毫米　1/16
印　　张　8.5　插页 4
版　　次　2023 年 7 月第 1 版
印　　次　2023 年 7 月第 1 次印刷
书　　号　ISBN 978-7-5584-2899-9
定　　价　75.00 元

如发现质量问题，请联系我们。
【内容质量】电话：025-83658271　邮箱：zhuqd@ppm.cn
【印装质量】电话：025-83241151

总序言：尊重自然 顺应自然 保护自然

冯 俊

人是自然中生长出来的“精灵”，人是自然的一部分。

古希腊哲学家认为，生命起源于水，大地浮于水上。大海是生命的源泉，也是人们生活劳作与贸易交往的场所。中国的先哲认为，“天人合一”“人法地，地法天，天法道，道法自然”。

人类发展到今天已经走过了原始文明、农业文明、工业文明几个阶段，正在迈入生态文明阶段。在文明的不同发展阶段，人类对自然的认知，与自然的关系是不一样的。

在原始文明阶段，人类学会适应自然，在自然界获取食物，求得生存和种群的繁衍，在应对各种自然灾害和其他动物的攻击中幸存下来。在农业文明阶段，人类适应自然时令的变化，尊重自然的规律，在劳动中建立了与自然的互动关系，自然给人类的劳作以馈赠，人类对自然充满感恩，并且欣赏自然的美。“采菊东篱下，悠然见南山”“稻花香里说丰年，听取蛙声一片”“疏烟沉去鸟，落日送归牛”，人和自然汇成了一曲田园牧歌。

■ 江苏盐城：湿地内鹿群觅食 / 图片来源 视觉中国

近代欧洲哲学有两位重要的开创者：一位是英国经验主义哲学家弗兰西斯·培根，他提出“知识就是力量”，知识是人认识自然、改造自然的力量；一位是法国理性主义哲学家笛卡尔，他提出“人是自然的主人和拥有者”。他们都认为人类可以认识自然、利用自然为人类自身造福，他们高扬了人的主体地位，展现了启蒙精神。随着工业革命和科学技术的广泛应用，人类进入工业文明时代，人和自然的关系发生了重大的变化。人与自然的关系成为认识—被认识、开发—被开发、改造—被改造、利用—被利用的关系，人充满着“人定胜天”的自信，陶醉于对自然的“胜利”，认为自己已经成为自然界的主宰，成为自然的中心。然而，人类对自然的每一次“胜利”，都可能受到自然的更为严厉的报复和惩罚。“人类中心主义”导致自然越来越不适合人类的生存，科学技术至上的后果是科学技术制造出会灭绝人类自身的武器。

生态文明时代，人类从人人平等、尊重人、爱护人推及人和自然应该平等相待，人应该尊重自然、爱护自然，认识到人不是自然万物的主宰，而是它们的朋友和邻居，产生了尊重一切生命的“生命伦理”和尊重自然万物的“生态伦理”。

走向生态文明新时代，建设美丽中国，是实现中华民族伟大复兴中国梦的重要内容。人民对美好生活的向往要求我们树立尊重自然、顺应自然、保护自然的生态文明理念，形成绿色的生产方式、生活方式。“绿水青山就是金山银山”，我们不仅要建立我们这一代人的公平、正义的社会环境，还要注重“代际公平”，为子孙后代留下天蓝、地绿、水清的生产生活环境，让每一代人都能过上美好的生活。

江苏凤凰少年儿童出版社、中共党史出版社联合出版的“童心筑梦·美丽新时代”丛书是对少年儿童进行生态文明教育的好读本，通过《绿水青山》《美丽海湾》《国家公园》《零碳未来》几本书展现了人与自然和谐共生、保护海洋、保护生物多样性、减污降碳的全景画面，让少年儿童认识祖国的绿水青山和碧海蓝天，领略祖国的美和大自然的美，激励少年儿童为建设人类共同的美好未来而学习和奋斗！

（作者系原中共中央党史研究室副主任，
中共中央党史和文献研究院原院务委员）

■ 青岛海岸风光 / 图片来源 视觉中国

阅读轻松优美的故事，敲开美丽海湾的大门！

杨 静

作为镶嵌在海岸线上的明珠，海湾与沿海地区人类的生产生活紧密联系并频繁地相互影响。海湾既是各类海洋生物繁衍生息的重要生态空间，也是各类人为开发活动的主要承载体，是公众亲海戏水的重要生态空间。

党的十八大以来，美丽中国画卷徐徐展开。美丽中国离不开美丽海洋，美丽海洋首先从美丽海湾保护与建设开始。我国计划用三个五年的时间，分类施策、梯度推进，至2035年，将全国1467个大小不同的海湾都建成“美丽海湾”，逐步实现“水清滩净、岸绿湾美、鱼鸥翔集、人海和谐”的美好愿景。美丽海洋建设需要我们大家的积极参与和共同努力。如何营造全民海洋环保意识？这需要从基础做起，在全社会普及海洋知识，引导全民关心海洋、认识海洋、亲近海洋，使海洋环保意识深入人心。为此，江苏凤凰少年儿童出版社联合中共党史出版社，结合近10年我国沿海各地海洋生态文明建设实践，精心编写了《美丽海湾》这本书，希望能够带领广大少年儿童读者领略我国沿海各地海湾优美的生态环境，了解美丽海湾保护和建设的方向，培养环保意识和海洋意识。

通过读这本书，您将在作者深入浅出、通俗易懂的表述中，走进魅力十足的海洋世界，沿着我国海岸线自北而南，从渤海的辽东湾、渤海湾，到黄海的青岛海湾、盐城海湾湿地，东海的洞头列岛、厦门湾，至南海的汕头南澳岛、深圳大鹏湾、湛江红树林沿岸，最后抵达最南边的南沙群岛，了解我国海湾的生态奇观，认识许许多多的海洋生物和它们赖以生存的环境，从而对海洋充满好

■ 盘锦红海滩 / 图片来源 视觉中国

■ 厦门海景 / 图片来源 视觉中国

奇，更加迫切地渴望认识和探索海洋。

通过读这本书，您还将清晰地认识到我国海岸线的景色壮丽多姿、类型复杂多样，知道海湾具有优越的海洋环境和丰富的生物物种，了解“蓝色海湾”“海洋牧场”等海湾综合治理范例，从洞头列岛、大鹏湾等的绿色发展中了解“绿水青山就是金山银山”的实践，从而更加清晰地认识到经济发展和海洋生态环境保护的关系，认识到在合理开发利用海洋资源的过程中保护好海洋生态环境，是实现可持续发展的重要途径。

这本书用充满趣味的方式讲述美丽海湾保护与建设的故事，将通俗易懂的科普文字与高清照片结合，内容丰富且严谨，每个章节还附有有趣的“生态小知识”，其中的漫画形象趣味性与专业性兼具。阅读这本书，您可以轻松认识我国从渤海到南海的 10 个美丽海湾，向离大海更近的沙滩、湿地前进，甚至深入海洋，探索海洋的多彩世界，找到别样的乐趣！

（作者系生态环境部华南环境科学研究所海洋生态环境研究中心主任）

目录

■ 厦门海景 / 图片来源 视觉中国

盘锦海滩红似火

渤海有三大海湾——辽东湾、渤海湾、莱州湾，其中面积最大的是辽东湾。盘锦坐落在辽东湾沿岸，地处辽河三角洲中心地带，以一望无际的红海滩驰名中外。

■ 盘锦红海滩风景 / 图片来源 视觉中国

得天独厚的湿地景观

盘锦拥有长约 110 千米的海岸线，辽河、双台子河、大凌河等河流从这里入海，在入海口附近形成了大片的沼泽湿地和滩涂湿地。这里既有清澈的浅海海域，又有生机勃勃的碱蓬滩涂、芦苇沼泽和芦苇草甸。

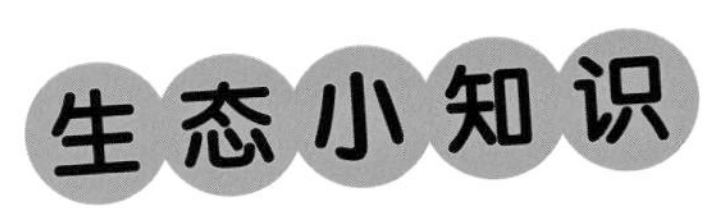

生态小知识

碱蓬草是一种一年生草本植物，也是少数能够在盐碱地上生存的植物之一。它们喜欢水分比较充足的地方，也能忍受暂时的干旱。

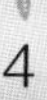

■ 碱蓬草 / 图片来源 图虫创意

红与绿的交响曲

盘锦湿地最有名的就是碱蓬滩涂。秋天，碱蓬滩涂像被点燃了一样，变成一片片“红海滩”，一棵棵形似珊瑚的碱蓬草，像一朵朵小火苗，汇聚在一起，红红火火、汹涌澎湃。

与红色碱蓬草相映生辉的，还有绵延不绝的芦苇荡。盘锦湿地拥有世界上面积最大的芦苇荡，是典型的滨海芦苇沼泽湿地。茂盛的芦苇既能净化空气，又能防风固沙，给盘锦带来了新鲜的空气、适宜的温度和湿度。春夏时节，碧波之上，芦苇绿油油的，碱蓬草红彤彤的，放眼望去，对比强烈，如同大自然在海天之间谱写的红与绿的交响曲，令人心旷神怡。

■ 盘锦芦苇荡 / 图片来源 视觉中国

飞鸟的国度

盘锦湿地里大片大片的芦苇沼泽和浅海滩涂，为鸟类提供了充足的食物；同时，受海洋气候的影响，这里从 3 月上旬到 11 月下旬都不会被封冻，这为鸟儿们提供了充足的停歇和补充能量的时间，也使这里成为许多候鸟南北迁徙的重要“停靠站”和“加油站”。

每年从 2 月开始，豆雁就会陆续到来，而后，鸿雁、苍鹭、红脚鹬等鸟类也陆陆续续到来。3 月中下旬至 5 月中上旬是鸟类北迁的高峰期，鹤鹳类、雁鸭类、鸥类和鸻鹬类鸟儿会相继来到这里，把这里变成飞鸟的国度。

苍鹭 / 图片来源 视觉中国

豆雁

绿头鸭

盘锦享有“鹤乡”和“中国黑嘴鸥之乡”的美名。

丹顶鹤/图片来源 视觉中国

黑嘴鸥/图片来源 视觉中国

鸿雁

红脚鹬

■ 斑海豹 / 图片来源 视觉中国

海洋生物的乐园 

斑海豹是国家一级保护野生动物，是唯一一种能在中国海域繁殖的鳍足类海洋哺乳动物。每年大约在10月中下旬，它们开始陆续来到辽东湾；次年1月—2月，雌海豹在冰上产仔；3月冰雪融化之后，它们会到沿岸觅食；5月之后，它们逐渐离开。

招潮蟹晃着一个大大的螯，像是在拉小提琴一样，配合着潮水演出，在自己的洞穴进进出出。

弹涂鱼喜欢在洞穴中生活，伴随着潮水涨落，出来觅食、活动。

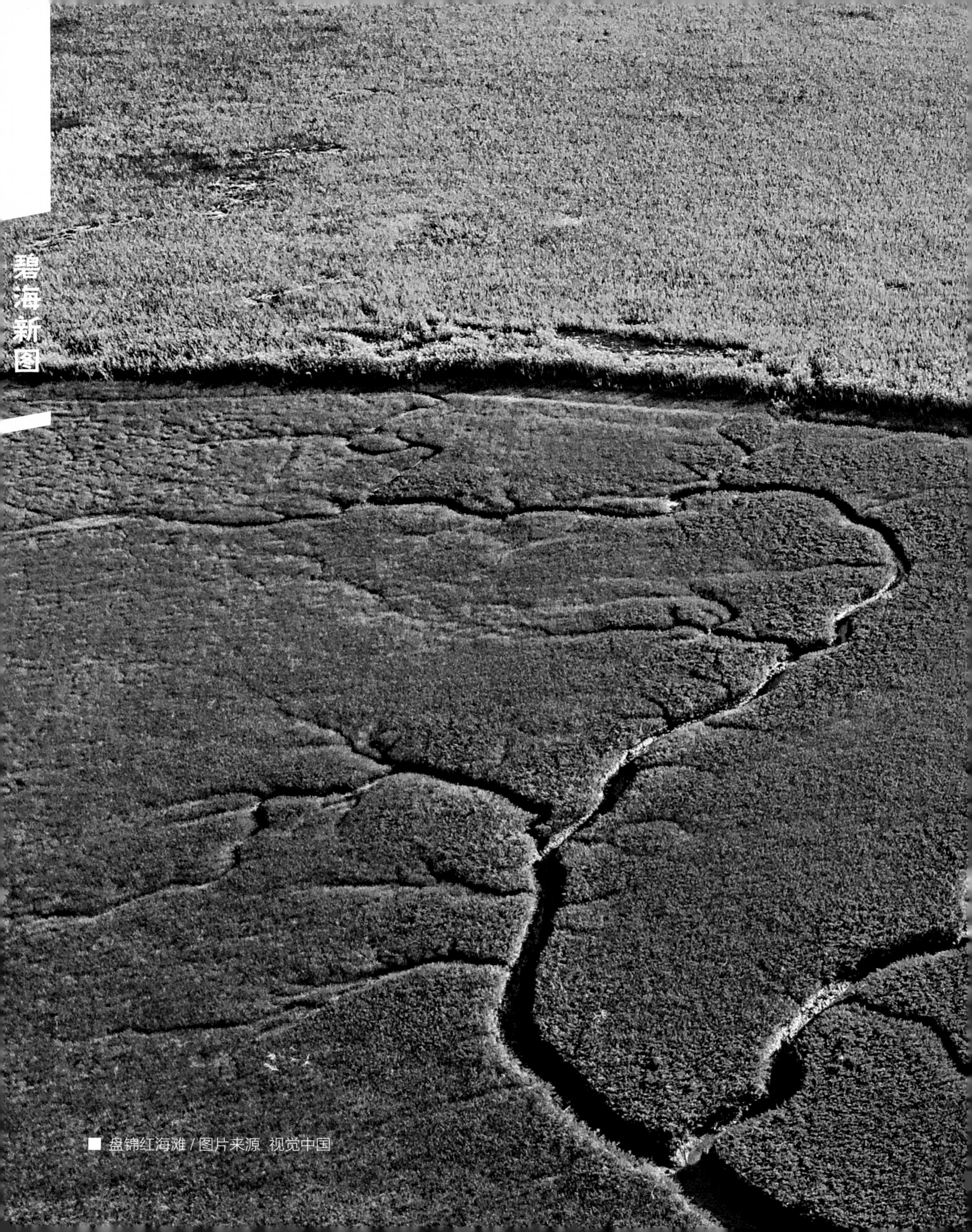

■ 盘锦红海滩 / 图片来源 视觉中国

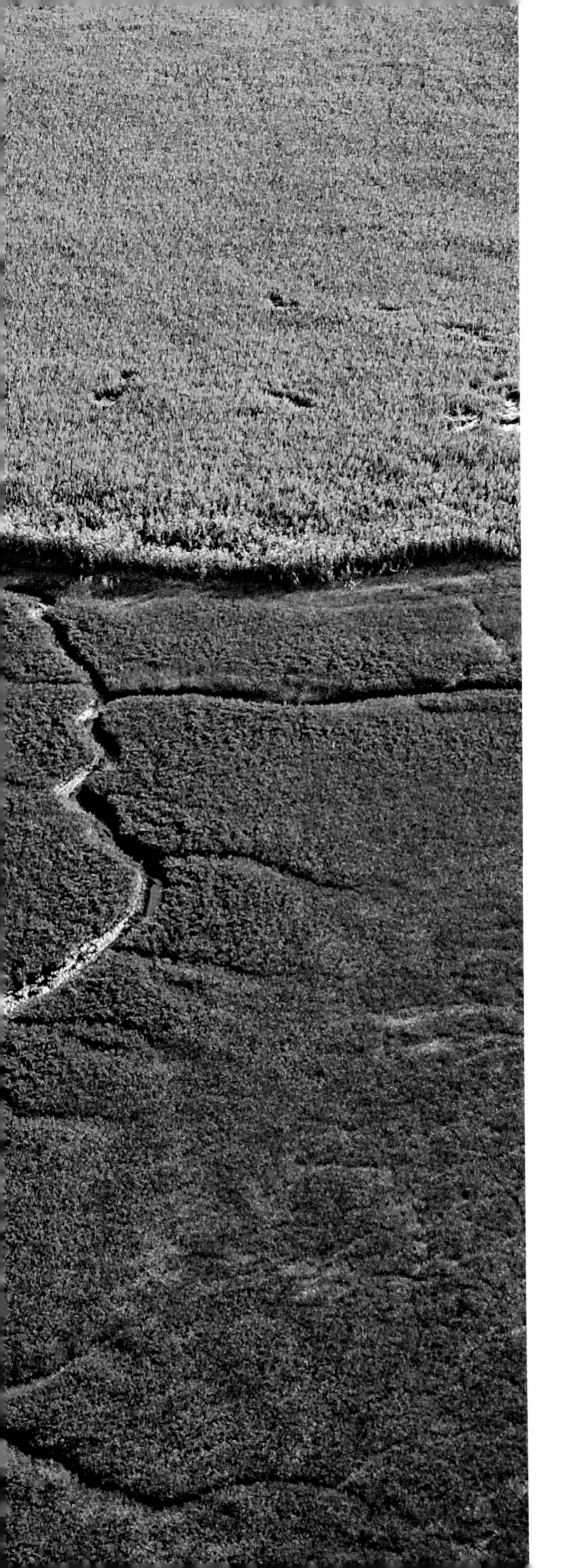

让湿地不“褪色”

盘锦湿地位于陆地和海洋之间，受到海洋和陆地环境的双重作用，生态系统比较脆弱和不稳定。人们采取了很多措施来保护湿地。

① 退养还湿

清除围海养殖设施，恢复海域原状。

② 净化水质

严格控制污水排放，不定期监测水质，控制污染。

③ 加大淡水资源供应

推进水资源循环利用，加大淡水资源供应，防止土壤盐碱度变得过高，导致芦苇无法生长、碱蓬草失去活力。

保护湿地可以让海湾更美吗?

湿地与森林、海洋并称地球三大生态系统，拥有丰富的生物多样性，被称为“物种基因库”。滨海湿地保护好了，水会更干净，气候会更宜人，碱蓬草和芦苇呈现出红与绿交相辉映的胜景，鱼、虾、蟹等生机勃勃地生长，斑海豹晒太阳、繁衍，丹顶鹤、黑嘴鸥等自由自在地飞翔，生命如此美丽多样，盘锦海滩会继续万顷火红，岂不美哉！

渤海湾内宝藏多

渤海湾是我国渤海的三大海湾之一，拥有丰富的石油资源和生物资源。星罗棋布的湖泊、水库、洼淀、河口，使它成为生物天堂、候鸟驿站。

■ 渤海湾海岸线风光 / 图片来源 视觉中国

气势恢宏 包罗万象

从渤海湾北端出发，沿海岸线向南前进，我们会依次经过唐山、天津、沧州、滨州、东营等多个气质迥异的城市，沿途风光秀美，让人目不暇接。

作为近代史上重要的海防屏障，大沽口炮台静静地守护着曾经的京津门户，古炮与城墙遗址在夕阳的余晖下显得庄严又肃穆。处在欧亚大陆桥桥头堡位置的天津新港，不间断地与上百个国家和地区进行着以焦炭、铁矿石贸易为代表的大规模货物吞吐。在滨州市无棣县，3.6 亿吨贝壳自然堆积出一条国内独有、世界罕见的贝壳滩脊海岸。拾起古老的贝壳，数千年的时光便仿佛凝聚在指尖，向你倾诉这里的沧海桑田。我们还能领略到蓟运河、海河等河流注入渤海的不同景象。

湖泊、水库、洼淀、河口星罗棋布，浅海滩涂中鱼、虾、蟹、贝种类繁多，上百万只鸟在这里栖息繁衍……共同构成了丰富多样的渤海湾滨海湿地景观。

■ 滨州贝壳海滩 / 图片来源 图虫创意

■ 山东东营黄河入海口 / 图片来源 图虫创意

渤海湾之最

渤海湾是渤海的三大海湾之一，位于渤海西部，北起河北省乐亭县大清河口，南到山东省东营市黄河口，三面环陆，面积约 1.59 万平方千米。渤海湾景色壮美、物产丰富，拥有多个“中国之最”和“世界之最”。

世界上陆地面积增长最快的三角洲

黄河是世界上年输沙量最大的河流，位于渤海湾南端的黄河三角洲，因此成为世界上陆地面积增长最快的三角洲。

■ 黄河三角洲“潮汐树”/ 图片来源 视觉中国

世界珍稀候鸟迁徙种类最多的滨海湿地

南大港湿地位于河北省沧州市，是东亚—澳大利亚候鸟迁徙路线上的重要中转站，也是世界珍稀候鸟迁徙种类最多的滨海湿地。

■ 南大港湿地风光 / 图片来源 视觉中国

我国海盐产量最大的盐场

位于渤海湾西岸的长芦盐场，每年海盐产量约占全国海盐总产量的四分之一。

全世界保存最完整的贝壳滩脊 – 湿地生态系统

滨州市无棣县古贝壳堤已有大约 5000 年的历史，贝壳资源仍在以每年约 10 万吨的速度增长。

东方白鹳全球最大繁殖地

以黄河三角洲为中心的国家级自然保护区，是全球最大的东方白鹳繁殖地和全球第二大的黑嘴鸥繁殖地。

此外，位于渤海湾西南岸的滨州市沾化区是全国最适宜种植冬枣的地区，有“中国冬枣之乡”的美誉；人们在渤海湾沿岸的天津地区则探测出了我国迄今最大的中低温地热田。

生物天堂，候鸟驿站

与丰饶的物产相映生辉，渤海湾有着数量繁多、种类多样的湿地生态系统，分布着盐地碱蓬、芦苇、獐毛、地肤、滨藜和二色补血草等草本植物，以及柽柳和白刺等耐盐木本植物。托氏昌螺、光滑河蓝蛤、四角蛤蜊、青蛤、红明樱蛤、沙蚕、长趾股窗蟹、日本大眼蟹……这些栖居在潮间带的生物，为不同食性的候鸟提供了丰盛的食物。每逢初冬、早春时节，渤海湾作为候鸟的天然驿站，接待着一批批从远方飞越千山万水迁徙至此的特殊访客。这些候鸟有 300 多种，数量以百万计。

■ 地肤 / 图片来源 图虫创意

东方白鹳属于国家一级保护野生动物，是身高超过 1 米的大型涉禽。它有优雅高挑的大长腿、坚硬粗壮的长黑嘴，体态十分优美，眼周的红晕将双眼映衬得神采奕奕。

遗鸥属于濒危候鸟，是国家一级保护野生动物。它们对繁殖地的选择近乎苛刻，只在干旱荒漠湖泊的湖心岛上生育后代。渤海湾是遗鸥的重要越冬地。

黑脸琵鹭也是渤海湾滨海滩涂每年如期而至的访客。类似的珍稀鸟类还有白腰杓鹬、红腹滨鹬、大滨鹬、翘鼻麻鸭、卷羽鹈鹕、鸿雁和花脸鸭等。

海陆统筹，科学开发

渤海湾与辽东湾和莱州湾水域相连，沿岸有很多城市，各地的环境差异较大。要保护和改善渤海湾的生态环境，需要多方合作、共同参与。

2018 年，生态环境部打响了渤海综合治理攻坚战。经过人们的不懈奋斗，流入渤海湾的河流水质得到了很大改善，入海垃圾量大幅下降。渤海湾沿岸省份也采取各种措施，通过“蓝色海湾”“中国渔政亮剑”“碧海行动”等一系列行动，打击非法捕鱼、清理海洋垃圾、恢复滨海湿地，这些举措已经取得了显著成效。

如今的渤海湾，海水清澈透明，海面波光粼粼；沿岸城市空气清新，绿意盎然；各种鱼、虾、贝、藻在海里悠然栖息，各种鸟类在空中自由翱翔。沿岸的人们享受到美丽海湾的恩赐，幸福感得到提升，更加积极地参与到保护海湾的行动中。

■ 渤海湾沙滩海岸美景 / 图片来源 视觉中国

鸟类环志是什么？

现在，科学家们可以利用卫星定位技术，追踪并记录鸟类的生活轨迹。那么，在卫星定位技术出现之前，人们是怎样研究鸟类迁徙的呢？这就要说到鸟类环志了。鸟环一般由镍铜合金或铝镁合金制成，上面刻有环志的国家、机构、地址和鸟环类型、编号等。当环志记录积累到一定数量后，不同国家或地区的机构间相互合作，实现信息共享，人们就可以在广阔的地理范围内了解候鸟迁徙的行踪和种群数量等宝贵资料。

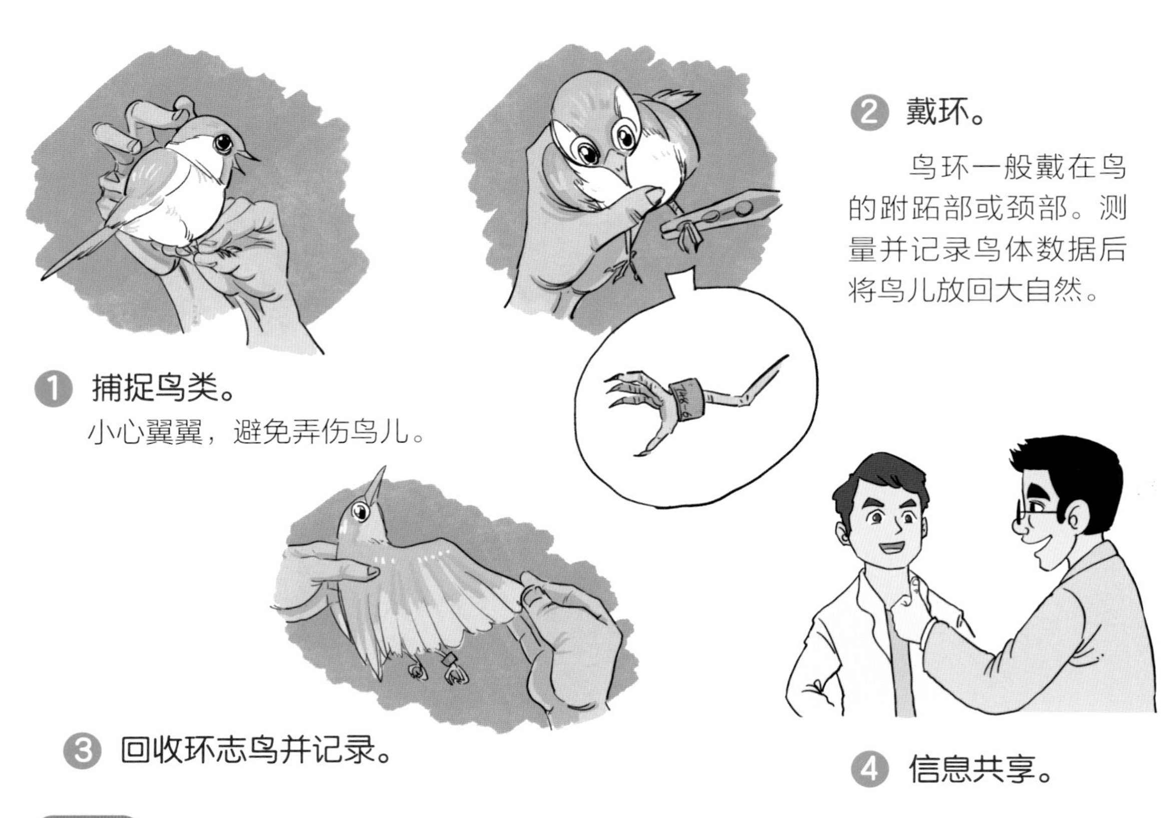

❶ 捕捉鸟类。
小心翼翼，避免弄伤鸟儿。

❷ 戴环。
鸟环一般戴在鸟的跗跖部或颈部。测量并记录鸟体数据后将鸟儿放回大自然。

❸ 回收环志鸟并记录。

❹ 信息共享。

注意

个人是不能随意给鸟类戴环志的哦，如果发现环志鸟，要向全国鸟类环志中心报告。

青岛海湾

好牧场

青岛的海湾数量众多，景色秀美，蕴藏着丰富的渔业资源。人们利用科技手段保护环境，在大海里“放牧”，实现人与自然和谐发展。青岛的海湾曾在2007年被世界最美海湾组织评为30个“世界最美海湾”之一。

■ 青岛海岸风光 / 图片来源 视觉中国

“面朝大海，春暖花开”

青岛坐落在黄海边上，海湾数量众多且形态各异，甚至还会出现大湾套小湾的景象。青岛的主城区主要有五大海湾，自西向东依次是团岛湾、青岛湾、汇泉湾、太平湾和浮山湾，它们紧密相连，环环相扣。

团岛湾的灯塔建于1900年，已经守护青岛一百多年了。青岛湾里坐落着栈桥和小青岛，冬天的时候海鸥翔集，分外热闹。汇泉湾中有第一海水浴场、青岛水族馆等，游客可以下海游泳，还可以与海洋动物亲密接触。太平湾拥有建筑风格独特的八大关，秋天的时候，银杏、枫树等树木的叶子会变成绚烂的精灵，把“万国建筑博览会”变成童话王国。浮山湾非常开阔，五四广场、奥帆中心、小麦岛等都安卧在这里，帆影点点，日落时金红色的天空和蓝色的海面相互映衬，像交响乐一样令人震撼。

除此之外，青岛的海湾还有胶州湾、仰口湾等。值得一提的是灵山湾，经过 5 年的治理后，它于 2021 年入选了全国首批美丽海湾优秀案例。

■ 青岛栈桥风景区 / 图片来源 视觉中国

蓝色牧场

青岛的海，景色秀美，面积辽阔，里面散布着上百个海岛，蕴含着丰富的渔业资源。虽然“家底雄厚”，青岛并没有满足于单纯的捕捞业，靠天吃饭，而是自力更生，利用海湾多属天然渔业港湾、适合开展人工鱼礁建设的优势，建起了海洋牧场。

灵山湾每年增殖放流各种苗种的数量就有 1000 多万尾，海藻的种类也逐渐增多，海洋生物种类越来越多样化。海湾里金滩镶绿野，碧海映蓝天，鱼鸥成群，一派生机勃勃的景象！

■ 青岛海洋牧场迎来牡蛎收获季 / 图片来源 视觉中国

在海里“放牧”

“天苍苍，野茫茫。风吹草低见牛羊。”讲的是在草原上放牧的景象。把草原换成大海，你能想象出“放牧”是什么样子的吗?

与在草原放牧不同，在大海里“放牧”需要建“海洋牧场”。海洋牧场怎么建?里面学问可不少。

① 投放人工鱼礁

先选定一块海域，把人工鱼礁投放进去，进而制造出海底的“山脉”。这样一来，海底的营养物质就能被带到海水的中上层，促进浮游生物的生长，让鱼类在这里既有住的，又有吃的。

② 营造“海底森林”

在开阔的水域和海底建造海草床，在一些不适合海草生长的地方栽培海带、紫菜等大型海洋藻类，营造出“海底森林”。

③ 海洋生物增殖放流

对鱼、虾、贝类等海洋生物进行人工放流，就像放牧牛羊一样，对它们进行有计划、有目的的放养！

④ 建造配套设施

驯化设施、在线监测设施和海上平台等配套设施，可以帮助人们实时掌握海洋牧场的信息，及时应对突发状况。

■ 青岛海洋牧场风光 / 图片来源 视觉中国

生物百宝箱

青岛的海湾，滩涂广阔，水质优良，非常适合海洋生物繁衍生息。海洋牧场的建设，更是让青岛的海湾变成了生物百宝箱。

治理后的灵山湾里，栖息着数百种动物和植物。不仅如此，它所环抱的北方第一高岛——灵山岛，森林覆盖率超过 80%，引来了 300 多种候鸟在长途迁徙的路上来这里歇脚，其中就包括濒危物种栗头鳽（jiān）。

此外，灵山湾周边约 25 平方千米的海域，被设为皱纹盘鲍、刺参国家级水产种质资源保护区。

青岛的海湾里还盛产餐桌上常见的蛤蜊、鲅鱼、多宝鱼、中国对虾等。

栗头鳽

属于濒危动物，喜欢栖息在海湾、河口等地方，冬天的时候，会飞到菲律宾等地过冬。

皱纹盘鲍

俗称鲍鱼，喜欢生活在水质清澈、海藻丛生、盐度较高、水流畅通的岩礁地带，会将粗大的足紧紧地吸附在岩石上。

刺参

被称为“参中之冠”。它们喜欢生活在岩礁或者砂石底质的海水中，采捕的时候需要专业人员穿着潜水服潜到海底去寻找。

■ 远眺灵山岛 / 图片来源 视觉中国

海里“放牧”好处多

在海里“放牧”不仅仅是为了增加鱼、虾、贝类等海鲜的产量，更是为了利用生物与环境相互作用的原理，通过投放人工鱼礁、营造“海底森林”等措施，建造出适合海洋生物成长和栖息的空间，修复和改善海洋生态系统。

生态小知识

“海洋牧场”的概念一直都在发展着。早在1981年，曾呈奎院士就提出了“海洋农牧化”的设想。此后不久，中国水产科学研究院黄海水产研究所开始在灵山岛附近投放石块，开展人工鱼礁实验，拉开了青岛海洋牧场建设的序幕。现在，我国海洋牧场已经发展出养护型、休闲型、增殖型等多种类型。

“海洋农牧化”设想。

如今的海洋牧场，不单单是生产“粮食”的“蓝色粮仓”，更是让海洋生态重返健康的法宝之一。海岸带是人类和海洋、陆地和海洋交互最密集的地区，生态环境容易受损，而通过建设海洋牧场，海水更加干净了，富营养化导致的赤潮等问题减少了，海草和海藻有了摇曳的空间，海洋生物有了休养生息的“家园”。

■ 美丽的海滩 / 图片来源 视觉中国

建设海洋牧场有助于缓解温室效应吗?

海洋，是地球生态的重要一环。海洋生态好转之后，地球也会变得更加健康。海洋牧场的建设，增加了海藻等海洋中的“固碳小能手”的数量，它们会吸收二氧化碳，并把它转化为自己需要的有机碳。所以建设海洋牧场，有助于缓解温室效应，你说奇妙不奇妙?

碧波万顷，鱼、虾、贝类等海洋生物自在生长，海草和海藻自由呼吸，人们悠然垂钓、欣然赏景，好一幅人与自然和谐相处的美妙画卷!

盐城湿地

万物生

江苏盐城的海岸线绵长，湿地广阔，素有“金滩银荡”之称。位于盐城的中国黄（渤）海候鸟栖息地（第一期），入选了世界自然遗产，是东半球唯一一块潮间带湿地遗产，也是我国第一个滨海湿地型世界自然遗产。

■ 盐城黄海湿地风光 / 图片来源 视觉中国

艺术范儿海湾

你能想象，在黄海的海湾湿地里，一大群麋鹿散步、游泳、觅食、玩耍的场景吗？那片海湾湿地，就是赫赫有名的盐城黄海湿地。

这片神奇的海湾湿地，不仅有肥沃的滩涂，让海贝、弹涂鱼等生物自由生长；还

拥有天然粉砂质潮滩，随着潮汐涨落，时而露出水面，时而又潜入水底，形成了全世界独一无二的辐射沙脊群。海水的纹理凝固在潮滩中，从高空俯瞰，像是沙滩上长出的树木一样，神秘又美丽。

俯瞰时，能看到的还有沼泽型湿地，芦苇、盐角草等各种植物层次分明地生长着，交替呈现出炫目的色彩——大片大片的金色、红色、绿色，映衬着蓝莹莹的海，好一幅大自然的艺术画卷！水鸟也喜欢在这里栖息，万物并秀，生机勃勃。

除此之外，这片海湾还有砂质海岸、河口淤泥质海岸、岩石质海岸以及岛屿等，多姿多彩，景象万千。

■ 盐城黄海湿地保护区 / 图片来源 视觉中国

“东方湿地之都”

江苏盐城素有“东方湿地之都”“鱼米之乡”之称，它的海岸线绵长，湿地面积广阔，主要有三类湿地——海岸湿地、河流湿地和湖泊湿地。其中占比最大的就是海岸湿地，集中分布在盐城东部。

盐城海岸湿地约占江苏省海岸湿地总面积的60%，分属响水、滨海、射阳、大丰和东台五个县市。这里有两处国家重要湿地，同时也是国际重要湿地——江苏大丰麋鹿国家级自然保护区和江苏盐城湿地珍禽国家级自然保护区，主要保护麋鹿、丹顶鹤等野生动物和它们赖以生存的生态环境。

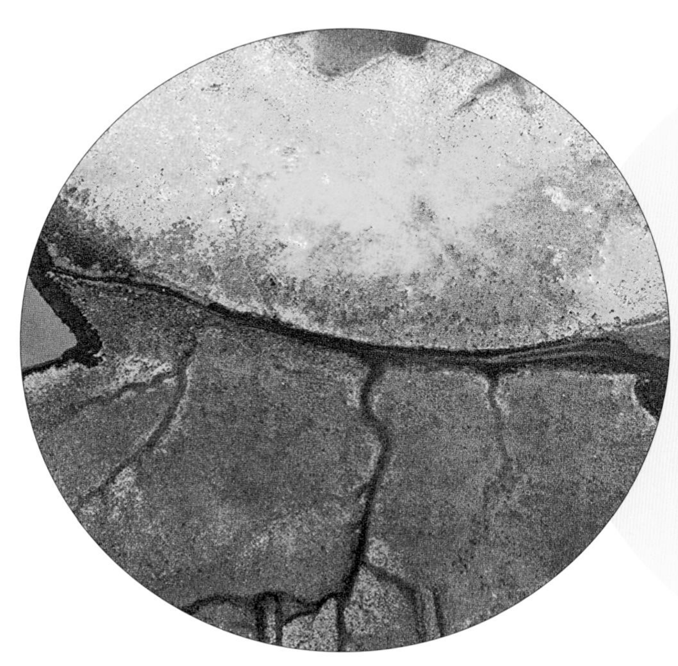

盐城海岸湿地是由黄河、长江和黄海共同塑造而成的。河流奔腾入海，带来了大量泥沙；与此同时，海底的一部分泥沙也在潮汐等“活跃分子”的作用下，不断淤积。时至今日，这片海湾南部沿海的滩涂还一直在扩张，原生湿地面积也在不断增长。

■ 江苏盐城湿地珍禽国家级自然保护区 / 图片来源 视觉中国

■ 丹顶鹤 / 图片来源 视觉中国

■ 江苏大丰麋鹿国家级自然保护区 / 图片来源 视觉中国

物种基因库

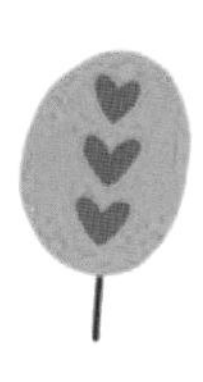

湿地有很多称号，比如“地球之肾”“物种基因库”，它为地球上约 20% 的已知生物物种提供了家园。

在盐城海岸湿地中，各种各样的生物繁衍生息，并通过生态系统紧密相连。这里的植物种类十分丰富，根据土壤和水含盐度的不同，形成了巧妙的层次——芦苇、香蒲、大穗结缕草、獐毛、白茅、川蔓藻、狐尾藻……这些植物聚集成一个个群落，形成了风格不同的动物家园。此外，这里的近海浮游藻类众多，给动物们提供了丰富的新鲜食材。

■ 白茅 / 图片来源 视觉中国

麋鹿，俗称“四不像”，它们的脸细长细长的，有点儿像马。雄性麋鹿头顶长着分叉的角，蹄子宽宽大大，走路时会发出明显的响声，尾巴又细又长，很方便驱赶蚊虫。它们最早就生活在长江中下游的沼泽地带，喜欢吃青草或者水草、海藻，擅长游泳。截至 2023 年 6 月，江苏大丰麋鹿国家级自然保护区的麋鹿，已经由最初的 39 头，繁衍壮大到 7000 多头（其中野外种群 3000 多头）。

■ 麋鹿 / 图片来源_视觉中国

候鸟天堂

盐城海岸湿地是东亚—澳大利亚候鸟迁徙路线的中心节点，每年有数百万只鸟在长途飞行过程中来这里停歇、繁殖或者越冬。这条迁徙路线是濒危物种最多、受威胁程度最高的候鸟迁徙路线，来盐城海岸湿地的鸟类中，有32种被列入世界自然保护联盟濒危物种红色名录，其中包括勺嘴鹬、黑脸琵鹭、东方白鹳、丹顶鹤、小青脚鹬和大滨鹬等。

勺嘴鹬属于全球极度濒危物种，它们的嘴巴长得像一把勺子，颇有喜感，因此得名。它们在北极冻土层繁殖，会在每年秋季，来到盐城海岸湿地换羽、休息，然后飞往我国南方以及东南亚地区越冬。春季，它们会在北迁过程中匆匆经过盐城海岸湿地，停留数天后离开。

小青脚鹬属于全球濒危物种、国家一级保护野生动物。它们主要生活在沼泽、湿地上，喜欢吃水生小型无脊椎动物和小鱼等。

丹顶鹤是盐城海岸湿地的“明星”，每年有超过 400 只丹顶鹤来这里越冬，这使得盐城海岸湿地成为全球最大的丹顶鹤越冬地。丹顶鹤喜欢生活在四周环水的浅滩上或者芦苇茂密的地方，主要吃水生植物，也吃小鱼、小虾。丹顶鹤也被称为“仙鹤”，纤细优雅，黑白分明，头顶鲜红，是国家一级保护野生动物。

■ 丹顶鹤 / 图片来源 视觉中国

基于自然的“中国样本”

湿地是丰饶的，也是脆弱的，需要我们精心呵护。以前，由于人工养殖场、盐场等增加，自然海岸湿地生态环境受到了一些影响。如今，人们开动脑筋，采取有效措施，使盐城的自然湿地保护率大大提升。

盐城实施“基于自然的解决方案”，把人工养殖场恢复成湿地，进行退渔还湿、滩涂湿地修复和海岸线整治，同时疏浚水系，种植水生植物，扩大生物栖息地面积。

其中最具代表性的案例，莫过于盐城东台条子泥湿地。东台条子泥湿地位于中国黄（渤）海候鸟栖息地（第一期）的核心区，为了让鸟类有地方歇脚，当地专门腾出720亩专用地，严格控制水位，让水面和草甸错落有致，打造了国内第一个固定高潮位候鸟栖息地。海浪涌来时，鸟儿们只要飞越一堤之隔，就可以来此落脚，等待退潮后

■ 江苏盐城湿地候鸟群集 / 图片来源 视觉中国

再去觅食。

此外，盐城还模仿湿地生态环境，进行人工湿地建设。经过种种努力，这里的生物种类越来越多样，被评价为自然遗产生态修复的“中国样本”。

涨潮了，飞累了，在哪儿歇脚呢？

这儿风景好美，还有土墩可供休息。

水草丰茂，真有安全感。

越来越多的鸟儿喜欢来这里停歇、繁殖和越冬。

湿地有什么作用?

湿地对我们来说太重要了。它可以像一块大海绵一样，储存水资源，调节水位，维持水平衡和生态平衡；可以像过滤器一样，在水生植物的协助下过滤泥沙和营养物质，净化水源，避免水富营养化；可以像缓冲带一样，减轻潮汐对海岸的侵蚀，避免海边土地被海水过度盐碱化；更重要的是，它还可以像一个大旅馆，使各种生物拥有舒适的栖息空间，自由、多元地繁殖和生长。

在人们的精心呵护下，蓝色的天与海之间，色彩绚烂的植物生机勃勃，麋鹿争雄，鹤舞芦花，无数珍禽走兽熙熙攘攘，好不热闹！

■ 盐城黄海湿地保护区 / 图片来源 视觉中国

洞头百岛风光秀

洞头的海岛数量众多，在撤县设区前曾有“百岛县”的美称。作为全国首批 8 个蓝色海湾整治试点之一，在各方努力下，如今的洞头物产丰饶、风光秀美，像一片“海上花园”。

■ 浙江温州洞头岛风光 / 图片来源 视觉中国

在浙江省温州市的洞头区，碧蓝的大海上，302 座海岛安然地散落，像许许多多颗“明珠”一般，分外美丽。

这些海岛，给了这片海湾千姿百态的景致——在半屏岛东部，“神州海上第一屏”巍然矗立，从远处望去，犹如海上陡然升起的断崖峭壁，像是被刀斧劈开的半边山似的，壮丽又奇特；大瞿岛素有“七十二胜景”之美誉，乘着船从海上看，可以看到千姿百态的石景——石佛观海、仙童击鼓、大象吸水……一个个惟妙惟肖；南月山岛、北月山岛、双峰山、南摆屿、北摆屿等岛屿，堪称鸟类天堂，各种各样的鸟儿或在空中飞翔，或在岛上休憩，热闹非凡。

■ 大瞿岛 / 图片来源 视觉中国

洞头的海岸，属于基岩质，多礁石。山海相映，险峻壮观，岛屿群集，秀丽多姿，集“石奇、礁美、滩佳、水清”于一体，美不胜收。

洞头渔场忙

洞头渔场是浙江第二大渔场，拥有鱼虾类 300 多种、贝类 20 多种，被称为“中国紫菜之乡”“中国羊栖菜之乡”“中国生态大黄鱼之乡”。

为什么洞头渔场会成为资源丰富的渔场呢?

第一，这里的气候属于亚热带海洋气候，温度适宜。

第二，这里的基岩质海岸，使得海湾地貌十分丰富，给不同的物种提供了不同的栖息家园。

第三，入海河流与沿岸暖流交汇，水交换活跃。

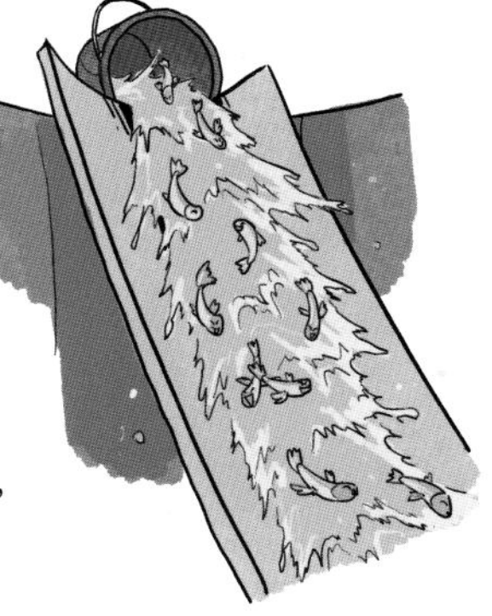

第四，这里拥有广阔的海洋牧场。

得天独厚的自然条件，孜孜不倦的海洋牧场建设，使洞头渔场成为海洋生物的优良栖息地。

■ 洞头海上渔场 / 图片来源 视觉中国

海中“菜园子”

“中国紫菜之乡”“中国羊栖菜之乡”两个称呼，体现出洞头海域“菜园子”的地位。

大家平时看到的紫菜，大多是一个个黑黑的“小圆饼”。别看它们不起眼，却是我国海洋农业的主要作物品种之一。紫菜适应能力非常强，是一种生活在潮间带的海藻，在我国沿海许多海域都有分布。紫菜在海中大多是绿色的，部分是红色的，经过加工后会变成紫黑色。高蛋白、低脂肪、富含维生素和矿物质的紫菜，是一种营养丰富的天然食品。

羊栖菜富含多种氨基酸，也是一种经济海藻。不过，跟紫菜相比，它对温度相对挑剔一点，喜欢生长分布在暖温带至亚热带沿海地区。

紫菜干

羊栖菜育苗

除了紫菜和羊栖菜这“两菜”，洞头还有“一鱼”——大黄鱼。洞头的瓯江入海口附近，淡水和海水交汇，饵料十分丰富，大黄鱼非常喜欢游到这里产卵、繁殖。在这里长大的大黄鱼，色彩金黄，口感鲜美，很受欢迎。

洞头东岙村红石滩美景/图片来源 视觉中国

蓝色海湾

洞头是全国首批 8 个蓝色海湾整治试点之一，整治工作主要包含三大工程——海岸带、滨海湿地和海岛海域生态修复。

在海岸带方面，人们治理污水排放，清淤疏浚，让水流更加干净、畅通；开展净滩行动，让沙滩更加洁净、美丽；修复海洋生态廊道及岸线，改造并建设总长 11.4 千米的“东海第一临海悬崖栈道”和总长 15.5 千米的滨海绿色生态走廊，将零散的景观串成一串，让大家可以一边拥抱海岛的绿意，一边欣赏大海的无垠。

在滨海湿地方面，当地的人们推行“十里湿地、退养还海”，把原本因为养殖侵占的湿地重新恢复原状，从而修复生态环境。

在海岛海域生态修复方面，洞头拥有国家级海洋牧场，人们通过建设人工鱼礁、海藻场、海藻床，让多种生物安享更加绿色的栖息环境。

■ 洞头大门岛俯瞰 / 图片来源 视觉中国

■ 洞头半屏山悬崖 / 图片来源 视觉中国

公益性人工鱼礁有什么作用?

洞头海洋牧场的人工鱼礁，有生产性鱼礁，但更多的是纯公益性鱼礁。这些人工鱼礁的建设，既限制了底拖网等捕捞活动，保护了渔业资源，又为藻类、贝类提供了生长的家园，促进了生态修复。

“两菜加一鱼，百岛百风光。”如今，得天独厚的自然条件，步履不停的蓝色海湾建设，使得洞头在物产丰饶的同时，越来越像一片“海上花园”。

■ 温州洞头 / 图片来源 视觉中国

厦门海城绿相拥

厦门“城在海上、海在城中”的空间布局，造就了自然与人文完美融合的经典案例。人们在治理生态环境时探索出了独特的“厦门模式”，使美丽富饶的厦门湾天青海碧、鸟语花香。

■ 厦门海景 / 图片来源 视觉中国

天人合一的都市型海湾

厦门湾位于福建省东南部、北回归线附近，是典型的亚热带半封闭型港湾，海岸线蜿蜒曲折，形成了湾中有湾、湾中有岛的地貌特征。

这里高楼林立，碧海相拥，城在海上，海在城中。人们在主城区休憩时，不经意间就能听到真正的“海豚音”，欣赏到海上精灵跳跃翻滚的景象。自然与人文的完美融合，让人悠然心会，妙处难说。

丰富的自然资源和现代化的都市与港口景观，散发出厦门湾独特的魅力，向我们书写着大美自然与现代文明的传奇。

■ 厦门海景 / 图片来源 视觉中国

珍稀海洋物种的庇护所

厦门湾是典型的都市型海湾，群山环抱，良港众多。其中，厦门港是我国沿海主要的集装箱吞吐港之一。

谁能想到，这片航运繁忙的海湾，同时也是多种珍稀动植物繁衍生息的庇护所。福建第二大河流九龙江在这里入海，肥沃的冲积平原带来了营养丰富的土质，孕育了大片的红树林，为众多野生动物提供了栖息地，成为生物多样性的重要载体。

■ 中华白海豚 / 图片来源 视觉中国

白鹭

黄嘴白鹭

夜鹭

小杓鹬

2000 年，厦门珍稀海洋物种国家级自然保护区成立。保护区以中华白海豚、厦门文昌鱼、白鹭为主要保护物种，同时保护着夜鹭、池鹭和小杓鹬等多种珍稀物种及其生境。

■ 厦门海景 / 图片来源 视觉中国

海色连天飞白鹭

厦门别称“鹭岛”。据说，古代厦门岛的形状像一只飞翔的白鹭。不过，人们更愿意相信，这个别称的由来是白鹭喜欢在厦门繁衍栖息。20 世纪 80 年代，白鹭被评选为厦门市的市鸟。

白鹭披着洁白如雪的羽毛，像高贵优雅的公主。一到春天，气候回暖，草长莺飞，白鹭的头部就会长出两枚辫羽。繁殖期到来了，这是它们吸引异性的法宝之一，这些新长出的羽毛叫“繁殖羽”。

■ 白鹭 / 图片来源 图虫创意

在厦门，除了白鹭（又称小白鹭）本种之外，人们还能看到大白鹭、中白鹭、黄嘴白鹭和岩鹭等其他鹭类。其中，岩鹭因常常活动在海边的岩礁上而得名，是国家二级保护野生动物。

■ 大白鹭 / 图片来源 视觉中国　　■ 岩鹭 / 图片来源 视觉中国

黄嘴白鹭是国家一级保护野生动物，已被列入世界濒危鸟类红皮书。这种鸟个头挺大，体长 46 ～ 65 厘米。浑身白色的羽毛，长腿、长脖子、长嘴，脑袋后面还有飘逸的饰羽，整体纤细修长，行走时步子轻盈，显得气定神闲。它们属于候鸟，喜欢栖息在潮间带、岛屿、海湾、海岸峭壁等地方，以鱼、贝、虾等为食，喜欢成群结队地生活。

■ 黄嘴白鹭 / 图片来源 视觉中国

海上“大熊猫”，滩中“活化石”

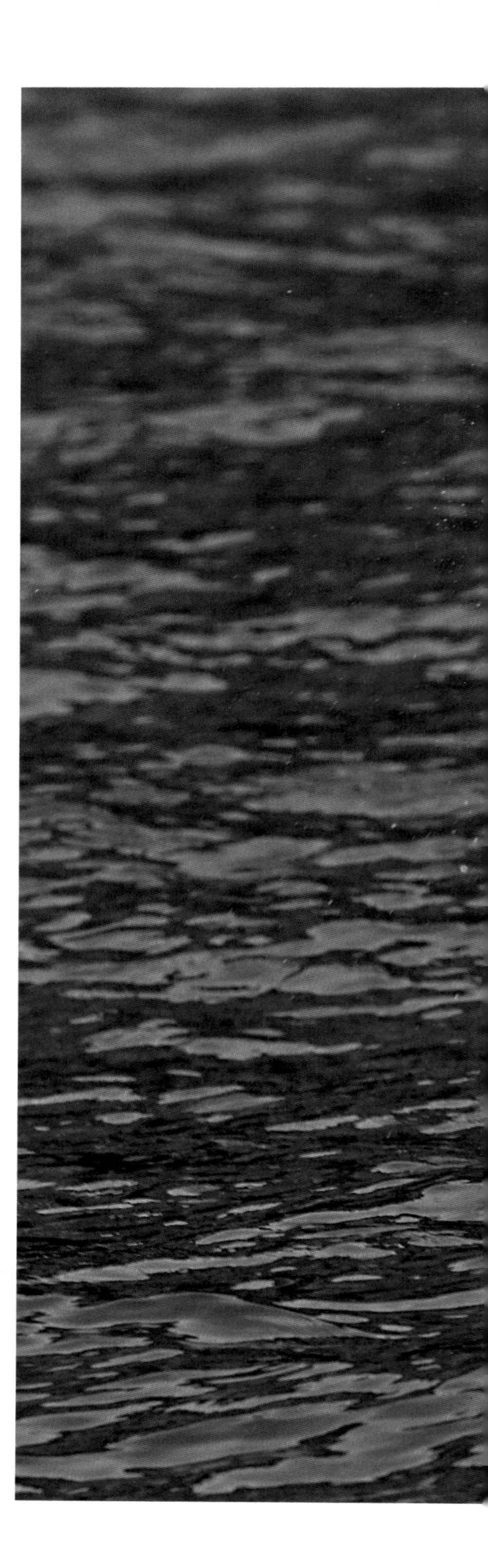

近年来，**中华白海豚**出现在人们视线中的频率越来越高，有时人们甚至不用出海就能看到它们三五成群地在浅海处游弋嬉戏。

文昌鱼是生物演化领域的明星物种。根据世代生活在这里的渔民相传，每年在传说中的神仙文昌帝君诞辰日的前后，这种“鱼”才会出现，故得此名。其实，文昌鱼不属于鱼类。它没有明显的头部、没有心脏、没有真正的口，尤其是——没有脊椎，它的身体中心是一条类似绳索的构造，属于“脊索动物”。它的起源可以追溯到4.5亿年前，比恐龙还早2亿多年。

生态小知识

退潮后，文昌鱼有时来不及随海浪返回海里，会滞留在沙滩中，此时挖花蛤，会危及文昌鱼！

■ 中华白海豚 / 图片来源 视觉中国

海漂垃圾治理的“厦门模式”

位于河流入海口、海城相拥的地理特点，为厦门带来了得天独厚的自然美景、丰富多样的生物资源和高度繁荣的海陆贸易，同时也对都市型海湾的环境治理提出了挑战。

暴雨时节，垃圾常被冲刷到入海口附近。受洋流和地形影响，一些漂浮垃圾会在潮落后滞留在岸滩。塑料垃圾还会在海水中制造出难以收集处理的微塑料颗粒，给附近海域生态系统甚至全球人类健康造成诸多影响。

生态小知识　海漂垃圾的危害

海漂垃圾不仅影响海洋景观，妨碍航行安全，还会对海洋生态系统造成危害，进而通过食物链威胁人类健康。

1. 威胁海洋生物生存，破坏渔业。

2. 破坏海洋景观，影响旅游业。

3. 妨害航行安全。海漂垃圾会缠住船只的螺旋桨，损坏船身和机器，引发事故和停驶。

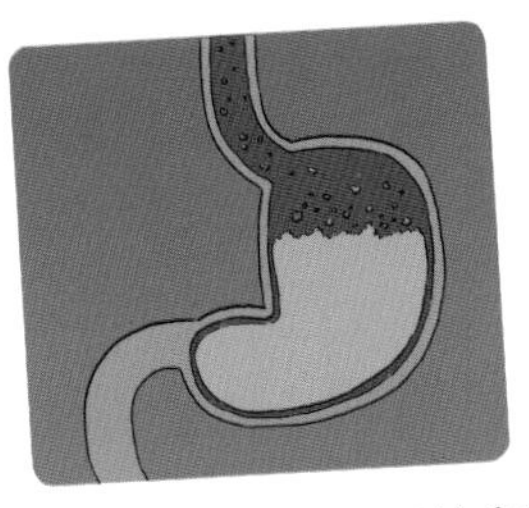

4. 危害人类健康。塑料颗粒会通过食物链进入人体。

厦门通过各项创新手段，推进海漂垃圾综合治理，形成了效果显著、独具一格的“厦门模式”。

全面治理污染源、入海河流和海面环境。

利用视频监控识别、无人机航拍等信息化手段实时监控海洋，对海漂垃圾实施精准打捞。

组建专业化海上保洁队伍，专门负责海漂垃圾的收集、转运和处理。

治理污染、修复生态、保护珍稀动植物，经过长期多管齐下的努力，厦门湾的海洋生态得到持续改善，水清岸净，海豚逐浪，为人们提供了乐游宜憩、人海和谐的优美环境。

为什么说厦门湾是人与自然和谐相处的典范?

美丽富饶的厦门湾，天风海涛，鸟语花香，它为我们奉上营养且美味的海洋食品，也帮助我们实现全球物品的“送”与“达”。多种珍稀生物在这里与人类和谐共处。

当我们登楼远眺、漫步海滩或通行在海上大桥时，看碧海银滩、鱼鸥翔集，听海豚的声音在耳畔响起，我们会由衷地感到，保护海洋，维护生态平衡，让人类与其他生物可持续地生存在这颗蔚蓝的星球上，是一件多么富有诗意的事。

■ 厦门海沧湾 / 图片来源 视觉中国

“海上明珠”——南澳岛

南澳岛的位置非常特殊，它紧挨着太平洋的主要国际航线，四通八达，素有“潮汕屏障、闽粤咽喉”“海上明珠”的美称。这里栖息着黄嘴白鹭、中华白海豚等珍稀动物。

■ 南澳岛海岸风光 / 图片来源 视觉中国

“海上明珠”

南澳岛被称为“海上明珠”，除地理位置重要之外，还因为它的自然风光非常美丽，是我国唯一一座全岛域为 AAAA 级旅游景区的海岛，特别适合旅游、度假。

南澳岛的面积称不上特别大，风光却绝不单调——南澳岛的地形并不是一马平川，它的东边和西边是山丘，中部是平原，整座岛上，山地、丘陵、平原，一应俱全。连绵起伏的山，映着碧蓝无垠的海，苍翠迷人。

在它 80 多千米长的海岸线上，分布着大大小小 60 多处港湾，像是陆地与海洋回旋的圆舞曲。岛东部和东南的港湾刚硬一些，以基岩礁盘为主；南部和西部的港湾则比较柔美，以泥沙类型为主。其中最引人注目的，当数位于岛东部具有“东方夏威夷”之称的青澳湾，海滩像一弯新月般栖息在碧蓝的海上，显得分外恬静秀美。

■ 南澳岛青澳湾航拍 / 图片来源 视觉中国

天然植物园

受海洋性亚热带季风气候的影响，南澳岛上的植物非常茂盛，种类有 1400 多种，森林覆盖率超过 70%。南澳岛上的黄花山海岛国家森林公园，有着“南中国海上天然植物园”之称，北回归线从公园中部横穿而过。这里有海拔 587.5 米的“汕头第一峰”大尖山。公园绿化率超过 90%，拥有马尾松、竹柏、黄杨等多种热带、亚热带植物，林青海碧，充满野趣。

■ 黄花山国家森林公园 / 图片来源 视觉中国

大尖山

马尾松

竹柏

黄杨

茂密的丛林为许许多多的动物提供了栖息的家园，其中就有国家一级保护野生动物黄嘴白鹭。

生态小知识

认识黄嘴白鹭

我喜欢捕食浅水中的小鱼、两栖类、哺乳动物和甲壳动物，要想在群鸟中认出我，就要知道我的三个小秘密。

1. 看我的脚

我的双脚不是纯黑色，脚趾处是黄色的！

2. 看我的眼

我的眼先裸皮部分，呈现独特的蓝绿色或淡蓝色！

3. 看我的羽毛

在繁殖期，我的头部、下颈部和肩背部都会长出婚纱般的装饰羽，又长又密，在众多白鹭中显得非常独特！

水中有“国宝”

如果有机会乘船在南澳岛周围的海域游玩的话，你说不定会与“海上国宝”中华白海豚来一次面对面的奇遇呢！

生态小知识

因为生活在海洋中的它，是国家一级保护野生动物，和大熊猫一样珍稀。中华白海豚属于鲸目海豚科，跟宽吻海豚和虎鲸是近亲，属于哺乳动物。我国是世界上拥有中华白海豚数量最多的国家。

为什么人们在海边见到的中华白海豚常常是粉红色的?

其实，粉红色并不是中华白海豚的颜色，长大后的中华白海豚身体是白色的，但是因为它们喜欢在海洋中快速游动，血液流动速度快，皮下充血，才使身体呈现出特别的粉红色。不过，小时候的中华白海豚又是另一番模样：1 岁以前，它们是灰黑色的，跟我们平时见到的海豚区别不大；之后，它们的身体颜色会慢慢变成灰白色；到成年的时候，才会彻底变成白色。

■ 中华白海豚 / 图片来源 视觉中国

■ 南澳岛海产品养殖基地 / 图片来源 视觉中国

互帮互助的贝与藻

南澳岛附近海域营养盐充足，海洋生物资源丰富，鱼、虾、蟹、贝、藻类等海洋生物超过1000种。不仅如此，它周围还有案屿、猎屿等10多个岛屿作为天然屏障，为这片海域营造出龙门湾、白沙湾等天然养殖区，为太平洋牡蛎的生长提供了得天独厚的条件。这里的牡蛎不仅产量高，而且肉质肥美、细嫩，有"南澳牡蛎"的美称。

与此同时，南澳也是广东省最大的藻类养殖基地。有意思的是，两种养殖并不是"各自为政"，而是相互结合，形成了贝类与藻类混养的立体生态养殖模式。其中，尤以太平洋牡蛎和龙须菜的套养表现最为突出。太平洋牡蛎过滤水中的浮游动植物和颗粒有机碳，形成大量的沉积物，为龙须菜提供营养物质、二氧化碳和部分氮源。龙须菜通过光合作用吸收二氧化碳，并吸收氮、磷、钾等营养盐，将海水中的溶解无机碳转化为有机碳，减轻养殖废水对环境的影响，避免海水中营养盐过于富集。

■ 汕头南澳岛海岸线 / 图片来源 视觉中国

重振活力

南澳岛的居民大多临海而居，靠海吃海，因而岛周围的海域有点儿过于热闹——龙须菜栽培区、贝类养殖区、网箱养殖鱼排、渔船码头等等，对海边的环境产生了较大的影响。前面提到的贝类和藻类混养是一种生态友好的立体养殖模式，但也有一些养殖方式过于粗放，再加上旅游经济的快速发展以及自然风浪的作用，导致部分海岸出现了比较明显的侵蚀现象，边坡风化，影响了南澳岛的秀颜。

人们及时意识到问题，开展了蓝色海湾整治行动，对金澳湾、赤石湾、烟墩湾、竹栖肚湾和龙门湾 5 个海湾进行修复：积极清理渔民临时搭建的设施，修复基岩海岸的乱石，恢复海岸带的自然面貌；清理垃圾和废弃物，控制污水排放，使海岸环境整洁舒适；建设观海廊道，让人们亲海休闲；设立青澳湾国家级海洋公园等，重点区域重点守护，逐步实现“水清、岸绿、滩净、湾美、岛丽”的目标。

什么是生态旅游?

“生态旅游”，由世界自然保护联盟于1983年首先提出，它的概念一直在发展着，没有统一的定义。但人们普遍认为，生态旅游是回归自然之旅，既能保护当地环境，又能提高当地居民的福利，有利于实现可持续发展。因此，它是一种有责任感的旅游形式。

南澳岛是生态旅游的胜地，来这里看悠悠小岛山峦起伏，绿树丰茂，碧海绵延，林中和水中的生物怡然自得，人的心境会自然而然变得像天空一样明净，像大海一样辽阔。

■ 南澳岛 / 图片来源 视觉中国

“生态特区”

大鹏湾

深圳别称“鹏城”，位于广东省南部、珠江口东岸。作为中国第一个经济特区，“大鹏”乘着改革开放的东风展翅高飞，如今已经发展成世界闻名的超大城市。这座极富活力与创新力的城市，在海湾生态建设方面也取得了显著成效。

鸟瞰大鹏湾 / 图片来源 视觉中国

展翅高飞的“大鹏”

大鹏湾细腻的金色沙滩、生机盎然的红树林、海下斑斓的珊瑚群落，与高楼林立、商贸繁荣的都市景观，共同谱写着现代城市与绿色生态休闲产业高速发展、互相推动的美丽篇章。

■ 大鹏新区金沙湾和小金湾沙滩航拍 / 图片来源 视觉中国

城市近海生物宝藏

大鹏湾拥有优质的沙滩、红树林和珊瑚群落，栖息着 190 多种游泳生物，藻类等浮游植物超过 130 种，蜂巢珊瑚、角蜂巢珊瑚、陀螺珊瑚、滨珊瑚等珊瑚超过 60 种。在得天独厚的自然条件和人们坚持不懈的努力建设下，大鹏湾已成为重要的城市近海生物多样性资源分布区。

■ 布氏鲸现身大鹏湾 / 图片来源 视觉中国

■ 梧桐山风景区 / 图片来源 图虫创意

山海辉映

大鹏湾西北畔的梧桐山风景区，是我国国内少有的邻近市区，以滨海、山地和自然植被为景观主体的国家级风景区。大、中、小三座山峰自西南向东北延伸，山峰高耸，烟云缥缈，瀑布高悬，泉水叮咚，景观以“稀”“秀”“幽”“旷”为显著特征。登上深圳第一峰大梧桐山，可遥望大鹏湾、深圳湾，尽览山海风光。

大小梅沙海滩，位于大鹏湾北畔，海沙黄白细腻，平坦柔软，犹如一弯新月镶嵌在苍山碧海之间，是游客心中的避暑胜地，有“东方夏威夷”之称。环海沙滩延绵无际，海滨浴场洁净开阔，大海碧波万顷，椰树婆娑起舞。

大梅沙海滨浴场 / 图片来源 视觉中国

大鹏半岛里的生态奇观

深圳大鹏半岛国家地质公园，位于大鹏半岛东南部，园区森林覆盖率高达 98%。园区濒临海湾，水系发达，是众多生物的天然栖息地，有大苞白山茶、土沉香、桫椤等各类珍稀植物 66 种，香港瘰（luǒ）螈等国家重点保护野生动物 19 种。

布氏鲸是须鲸科须鲸属的大型海洋哺乳动物，是国家一级保护野生动物。一般须鲸类在头部吻端至呼吸孔处有 1 条脊线，而布氏鲸在两侧还各有 1 条稍矮的副棱脊，共有 3 条棱脊。成年布氏鲸体长可达 10 多米。它们主要生活在全球南北纬 40 度之间的热带到温带海域，常少则 2 ～ 5 头、多则 10 ～ 20 头集群活动。

生态小知识

布氏鲸体形巨大，食量惊人，它有独特的取食方式——“鲸吞”。

① 首先，它将发现的鱼儿“驱逐”到一起。

② 当鱼儿“挤成一团”变成鱼群后，它就从鱼群下方发动“总攻”，张开大嘴将鱼群连水一起含住。

③ 然后，它会用口中的鲸须将海水滤出，这样，满满一口小鱼就进了肚子。

④ 在此过程中，很多小鱼会跳出水面，众多燕鸥也会飞来“蹭饭”。

香港瘰螈

国家二级保护野生动物，对栖息环境非常挑剔，只有在水流清澈、安静隐蔽的溪流中才能生存，因此它也是我们监测环境的一个指示性生物。

大苞白山茶

属于国家二级保护野生植物，大苞白山茶本种的数量极少，是中国特产的稀有植物。

生态经济学

大鹏湾的生态环境也曾因各种原因面临巨大的压力。近年来，深圳多管齐下开展海湾综合治理，引入多元考核指标，对城市发展进行评估。2020 年，深圳获得“国家生态文明建设示范市”荣誉称号。

海滨栈道 / 图片来源 视觉中国

依托美丽大鹏湾的生态治理成果，深圳构建了人海和谐的世界级滨海生态旅游区。融合滨海绿道系统打造烟墩山滨海湿地公园、海滨栈道、海贝湾滨海碧道等生态和谐的公众亲海游憩空间，建成鹿嘴影视基地、南澳无工业小镇等一批品牌景点。

不仅如此，国际帆船节、中国杯帆船赛、新年马拉松赛、国际观鸟节、粤港澳大湾区龙舟邀请赛等众多国内及国际旅游、文化、体育盛事，使大鹏湾成为深圳乃至粤港澳大湾区生态休闲的首选之地，大鹏湾生态经济结构已初见雏形。

■ 大鹏湾 / 图片来源 视觉中国

绿色 GDP 是什么?

大家都知道，GDP 指国内生产总值。而对环境资源进行核算，从 GDP 中扣除资源耗减成本、环境退化成本、生态破坏成本以及污染治理成本，就是“绿色 GDP”。绿色 GDP 占 GDP 的比重越高，表明国民经济增长的正面效应越高，负面效应越低。

骑着单车穿梭在海滨绿道，山海环抱，凉风习习，凤凰花开，荔枝飘香，还有巨鲸在湾中自由逐浪。在有着“东方硅谷”“千园之城”的新兴都市，现代深圳人践行绿色 GDP 理念，正在用行动为大鹏湾创造更多的生态奇迹，向我们证明经济特区也可以是“生态特区”。

■ 大鹏湾海边风光 / 图片来源 视觉中国

湛江海上有“绿洲”

雷州半岛与山东半岛、辽东半岛一起被称为中国三大半岛。广东湛江红树林国家级自然保护区就在雷州半岛上。在这片“海上绿洲”中，生活着多种多样的生物。

■ 雷州湾红树林带 / 图片来源 视觉中国

磅礴又秀丽

在广东省西南部，雷州半岛像一条巨龙一样卧在南海之上，气势磅礴。它的南边隔着琼州海峡与海南岛遥相呼应，西边是北部湾，东边是南海北部，地理位置得天独厚。

在雷州半岛长达1556千米的海岸线上，分布着37个自然保护小区，它们共同组成了广东湛江红树林国家级自然保护区。它是我国红树林面积最大、分布最集中、种类最多的自然保护区，整个雷州半岛海岸的红树林湿地都被纳入保护区中，红树林面积达到了72.28平方千米。

从高空俯瞰，37个自然保护小区，像海上漂浮的一块块碧玉，共同穿成一串红树林国家级自然保护区，将雷州半岛这条巨龙变得温柔了几分，也将整个海湾变得刚柔并济，既磅礴又秀丽。

“海上绿洲”

如果你足够细心的话，你会发现前面提到过广东湛江红树林国家级自然保护区是我国红树林种类最多的自然保护区。没错，红树并不像杨树、柳树一样指的是一种特定的树，而是分很多科、很多种。这片自然保护区中，有 15 科 25 种红树在蓬勃生长，其中的树种包括白骨壤、红海榄、木榄、秋茄、桐花树等。

■ 红树林 / 图片来源：视觉中国

红树非常神奇。首先，它们并不是红色的，是不是很让人意外？其次，它们根系发达，有呼吸根，甚至能在海水中生长。而且，它们还是稀有的木本胎生植物，它们的种子，可以先在树上的果实中萌芽，长成幼苗后，再坠落到淤泥中生长，是不是很神奇？

热闹的“邻里中心”

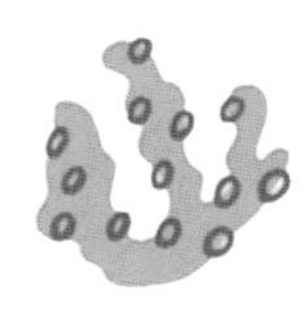

在红树林这片“海上绿洲”中，生活着多种多样的生物。鱼类、贝类、甲壳类等动物，有的生活在水里，有的生活在树上，有的生活在滩涂上，像和睦的邻居，互不干扰，又热热闹闹地生活在一起。

■ 弹涂鱼 / 图片来源 视觉中国

黑口滨螺有着淡黄色的、尖锥形的外壳，内唇是紫黑色的。它们有时在红树上缓缓爬行，有时安静地附着在枝干和叶片上，悄悄地吃掉红树表面的植物细胞、真菌和微藻类。

珠带拟蟹守螺的贝壳也是锥形的，但比黑口滨螺细长了许多。它们喜欢生活在潮间带泥质的海滩上，螺旋部具有串珠状的螺肋，像是缠绕起来的一圈一圈的项链，非常精致。

小白鹭属于红树林的留鸟，全身长着白色的羽毛，嘴巴和腿是黑色的，脚掌是黄色的，喜欢三三两两地成群出现，上下纷飞时，映衬着绿油油的红树林，显眼又有诗意。

右图中，上边是黑腹滨鹬，下边是红颈滨鹬，找一找它们的不同之处吧！

黑腹滨鹬和**红颈滨鹬**都是候鸟，喜欢来这里越冬。它们都属于鹬科滨鹬属，有很多相似之处，都来自遥远的寒冷的地方，都喜欢成群结队地活动，动作都非常敏捷，都喜欢边跑边啄食，有时甚至还会把嘴巴直接插入泥中寻找食物。在野外遇到时，你能分得清它们吗？

“海上绿洲”如何常绿？

为了保护这片“海上绿洲”，湛江做出了多方面的努力。

一是**恢复生态空间**。清理占用红树林进行养殖的场所，进行分批赎回、生态补偿，或是采用异地增补红树林的方式将“家园”归还给红树林。

■ 海岸卫士——红树林 / 图片来源 视觉中国

二是**清除互花米草等入侵物种**。互花米草原产于美洲大西洋沿岸及墨西哥湾，被引进我国后，在2006年前后扩散进入雷州半岛。由于互花米草的生存条件跟红树林差不多，而且能忍受每天长达12个小时的水淹，生命力很强，对红树林的更新和生长造成了一定影响，因此需要长期监控，“早发现早清除”，还红树林一个安静的生长环境。

三是**人工造林**。根据不同的时间和条件，选择不同的红树种类进行造林。造林时先要选择好的地块，选择风浪比较小的港湾内部或者河流入海口附近等适合树木生长的地方；如果周围人多的话，需要设立围网。而且造林后需要定期养护，比如，及时清除小树上的藤壶、海藻、垃圾等其他杂物，以保证红树的茁壮成长。

为什么要保护红树林?

红树林可以给各种生灵充当“海上绿洲”，成为它们繁衍生息的家园，具有重要的生物多样性保护价值；也可以充当天然生态屏障，像一排排的卫士，阻挡狂风恶浪，防波护堤，改善海岸生态环境；还可以吸收、积累和转移土壤中的重金属污染物，起到净化土质的作用。因此，保护红树林至关重要。

如今，湛江红树林保护已经取得了显著成效。碧波之上，绿树悠悠，伴随着潮涨潮落，时而露出水面，时而潜入水中。在这童话般的场景中，生活着各种各样的“精灵”——形状各异的贝类慢吞吞地爬行，色彩斑斓的鸟类自在地飞翔，各种各样的鱼、蟹恣意生长……

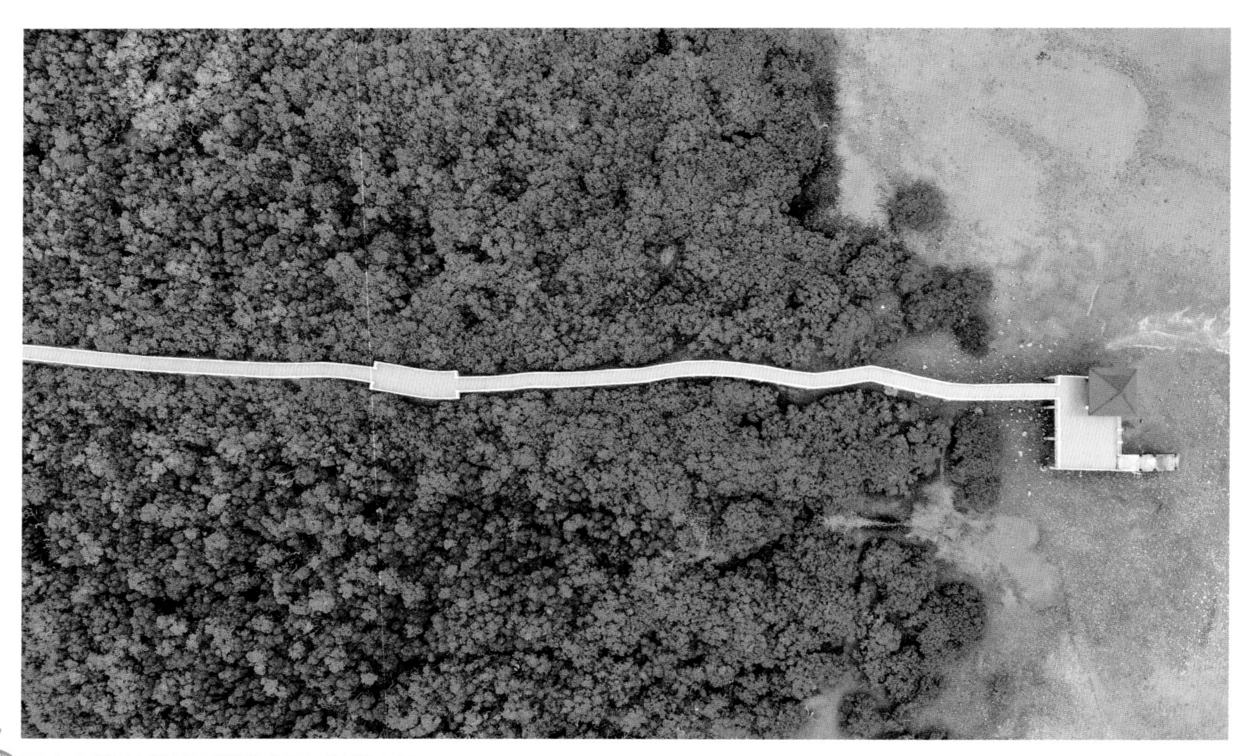

■ 红树林航拍图 / 图片来源 视觉中国

南沙碧海映珊瑚

南沙群岛是我国最南端的散布型群岛，以珊瑚礁为主要地貌特征。这里气候宜人，常年海风吹拂；这里风光优美，神秘美丽的珊瑚、形形色色的海洋生物，将这片海域装点得生机勃勃。

■ 南沙海景 / 图片来源 视觉中国

绚烂又神秘

我国最南边的那片湛蓝湛蓝的海洋，就是南海。在那里，众多的岛、礁、沙洲、暗礁星罗棋布，并且根据不同的方位，组成了西沙、东沙、中沙和南沙四大群岛。四大群岛中，南沙群岛岛礁最多。

南沙群岛还是我国南海热带海区面积最大、海洋生物多样性最丰富的海区。提到海洋生物多样性，就不能不提神奇的珊瑚礁了。珊瑚礁一方面形成了色彩绚烂、赏心悦目的“海底热带雨林”，另一方面给多种多样的生物提供了栖息和生存的空间——腔肠动物、软体动物、甲壳动物、棘皮动物等，都在这里自由自在地生活着。

■ 俯瞰中国南海 / 图片来源 视觉中国

神奇的珊瑚虫

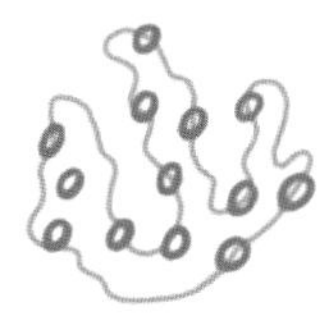

海边卖纪念品的商店里，经常会有珊瑚出现，它们有着美丽的枝杈，像是一棵棵石化了的小树。它们是由许多珊瑚虫的石灰质骨骼聚集而成的。

珊瑚虫是一种腔肠动物，喜欢生活在热带海洋浅水的底部，可以在原地活动，但是不能像其他动物一样到处移动。它们形态多样，颜色绚丽多彩，非常美丽。珊瑚虫大小不一，但基本都呈圆筒状，钙质骨骼通常会包裹在软体之外，有触手，捕捉浮游生物为食，不能移动，只在原地不断成长、壮大。有些珊瑚虫的繁殖方式非常独特，是分裂增殖，母体会不断地生出芽体，芽体长成枝芽后，会再长出芽体，就像植物生长一样。这些珊瑚虫集结在一起，就构成了千姿百态的复体珊瑚——有枝杈形状的、有扇形的、有鞭子形状的、有团块形状的……

■ 珊瑚 / 图片来源 视觉中国

珊瑚虫在生长过程中，会与虫黄藻共生。珊瑚虫作为宿主，会为虫黄藻提供生活的场所，还会提供氮、磷和二氧化碳等无机营养物；虫黄藻“知恩图报”，会努力地进行光合作用，释放氧气，并将合成的碳水化合物跟珊瑚虫分享。你说，这种共生方式是不是很聪明？

■ 中国南海海底珊瑚 / 图片来源 视觉中国

■ 科学家在南海种珊瑚 / 图片来源 视觉中国

珊瑚礁是怎么形成的?

虫黄藻不仅可以给珊瑚虫补充能量，还能促进珊瑚的钙化。不仅如此，群体居住的珊瑚虫，会不停地繁殖和死亡，而死亡后的珊瑚虫也会钙化为石头，逐渐堆积、胶结、加厚、壮大，这种“会长高的石头”，就是逐渐成形的珊瑚礁。

珊瑚礁有不同的形态，比如环礁、台礁、塔礁、礁丘等，其中，在南沙群岛中最常见的是环礁。所谓环礁，是指珊瑚礁顶上的礁坪像一个圆圈一样把中间的浅水潟湖环绕起来的礁体。这个“圆圈”，可以是开放的、半开放的，也可以是封闭的。

■ 海底珊瑚 / 图片来源：视觉中国

■ 南沙海景 / 图片来源 视觉中国

有意思的是，受季风的影响，海浪冲刷珊瑚礁的力度会随着季节的变化而有所不同。南海海区5—9月盛行西南季风，11月到次年3月盛行东北季风，因此这里的珊瑚礁也多呈东北—西南向的椭圆形。

生态小知识

我是珊瑚虫，我虽然是动物，却不会移动，在一个地方一住就是一辈子。

这是我的好伙伴虫黄藻，它们很害羞，你得用显微镜才能看到它们。

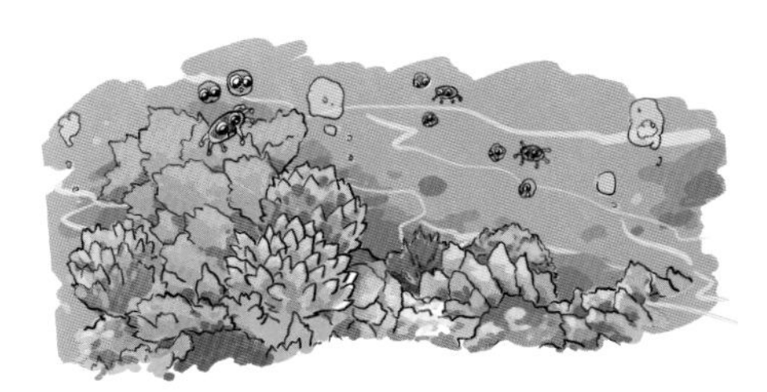

我们珊瑚虫和虫黄藻世代合作，造出了美丽的珊瑚礁。

偷偷告诉你们，对于生存环境，虫黄藻比我更挑剔，不过一旦没了它们，我也没法独自存活。

“超级热带雨林”

珊瑚礁被称为“海底热带雨林”，它的生物多样性其实超过了热带雨林。珊瑚礁充满无数的洞穴和孔隙，无数游动的、爬行的、原地的、死亡的动植物在这里聚集，共同构成了庞大的生态系统，栖息着石斑鱼等鱼类、砗磲等海贝、龙虾等甲壳动物、海参等棘皮动物、造型奇特的造礁石珊瑚等，还有已经被列入国家重点保护野生动物名录的海龟……

南沙群岛的珊瑚礁，称得上是海龟的“故乡”。海龟分为不同的种类，大家最熟悉的可能是玳瑁。

玳瑁的嘴巴与鹰的嘴巴有些相似，背甲的盾片色彩斑斓，像瓦片一样排列，这在海龟中显得非常独特。玳瑁目前属于极危物种。

石斑鱼

砗磲

海参

绿海龟是国家一级保护野生动物。成年后的绿海龟，主要吃海草和海藻，绿色素会在它们的脂肪中累积，所以脂肪呈现出独特的绿色。它们会在南沙群岛的岛屿礁滩交配，然后在沙滩上产卵。小海龟孵出来后，会挣扎着爬出蛋壳，一路躲避鸟类、螃蟹等天敌，艰难地奔向海洋，可以说一出生就要经历大冒险。小海龟长成 1 米的成熟龟通常需要 25 年以上的时间，不过它们寿命比较长，有的能活 80 年以上。

珊瑚礁保卫战

珊瑚礁生态系统不仅物种丰富，还是天然的海岸屏障，可以消散海浪的能量，减缓海岸侵蚀。虽然作用多多，珊瑚礁却也敏感脆弱。当人类活动产生大量碳排放和污染物的时候，全球气候会变暖，海水温度会升高，海水还会酸化，造成虫黄藻等珊瑚的共生藻离开或者死亡。离开了共生藻的珊瑚，就缺失了一大营养来源，会慢慢死去、变白，这一现象被称为“珊瑚白化”。不仅如此，珊瑚的天敌——长棘海星爆发，也会使造礁石珊瑚大量死亡，使珊瑚礁遭受巨大破坏。更不要说还有病害、船只抛锚、工程施工等层出不穷的因素了。

守护珊瑚礁的第一步，是做好监测。目前，海南南沙珊瑚礁生态系统国家野外科学观测研究站已经设立，可以实现长期系统性观测和监测相关数据，有利于更好地保护珊瑚礁。而在此之前，永暑、美济、渚碧三个海洋观测中心已经启动运行。不仅如此，南海典型区域珊瑚礁在线监视监测体系和监控平台也已经初步构建起来。

除此之外，用火山岩固定珊瑚礁盘、划定自然保护区、人工建造生态岛礁和鱼礁等措施，也让珊瑚礁保卫战“有守有攻”。

海底珊瑚 / 图片来源 视觉中国

为什么说珊瑚礁是重要的国土资源?

珊瑚礁是“海洋生命发动机”，是海岸守护卫士，更是重要的国土资源。即便珊瑚礁小而分散，只要它有露出水面的部分或者高于潮高基准面的部分，按照《联合国海洋法公约》规定，就可以算作领土的一部分，可以作为领海基线上的点，也可以拥有专属经济区！

珊瑚礁，可真是宝藏！

■ 鹿角珊瑚 / 图片来源 视觉中国